景观建筑方案设计 500例

水景·园路铺装·景墙

言华 辛睿 编著

中国电力出版社
CHINA ELECTRIC POWER PRESS

内容提要

《景观建筑小品设计500例》包括《水景·园路铺装·景墙》《公共设施·廊亭·花架》《桥·园灯·雕塑》《细部设计》。本书以水景、园路铺装、景墙为主要内容，精选汇集了大量作者于国内外拍摄的实景照片，所选图片细节性强，说明文字简明扼要，直接反映出设计的要点所在。本书可作为设计师或学生的资料图集类工具书，有助于开阔与提高读者的设计眼界，并开拓其创新思维。本书适合景观设计师、园林设计师、建筑师、相关专业的从业者，以及各大专院校相关专业学生借鉴与参考。

图书在版编目（CIP）数据

景观建筑小品设计500例. 水景、园路铺装、景墙 /
言华，辛睿编著. —北京：中国电力出版社，2014.2
ISBN 978-7-5123-5341-1

Ⅰ．①景… Ⅱ．①言… ②辛… Ⅲ．①景观设计－世界－图集 Ⅳ．①TU986.2-64

中国版本图书馆CIP数据核字(2013)第297067号

中国电力出版社出版发行
北京市东城区北京站西街19号　　100005　　http://www.cepp.sgcc.com.cn
责任编辑：王　倩
责任印制：郭华清　　责任校对：太兴华
北京盛通印刷股份有限公司印刷·各地新华书店经售
2014年2月第1版·第1次印刷
889mm×1194mm 1/16·7.5 印张·256千字
定价：58.00元

目 录 contents

概 论

概 论 Introduction

　　景观建筑小品属于景观中小型艺术装饰品，包括水景、景墙、园灯、园椅、展览栏、雕塑、台阶、花格、电话亭、垃圾箱等小型点缀物及带有装饰性的园林细部处理。建筑小品在景观构图、游览以及服务等方面都起着积极的作用。园林建筑小品不论是依附于景物或是建筑，还是相对独立，其造型取意都需要与园林整体环境同步考虑，使其在园林环境中起到画龙点睛的作用。它既要满足使用功能的需要，又要满足景观造景的要求，与环境结合密切，与自然相融合。

　　本书以实用为主，力求用简单明了的方字、丰富生动的图片展示不同景观建筑小品的应用效果，内容包括水景、园路铺装、座椅、景墙指示标识、雕塑、廊、亭、花架、桥、花坛、树池、园灯、栏杆等。希望本书的出版，能对景观设计人员、景观教学工作者以及相关人员提供帮助与参考。

功　能

1. 满足使用功能的要求

　　景观建筑小品通常都有具体的使用功能。如园灯用于照明；园椅、园凳用于休息；展览栏及标牌用于提供游园信息；栏杆用于安全防护、分隔空间等。为了表达景观效果，景观建筑小品往往要进行艺术处理，并且符合其在技术上、尺度上和造型上的特殊要求。

2. 景观要求

　　1）点景，即点缀风景。景观建筑小品要与自然风景结合，成为园林景观的沟通中心或反映主题，具有"画龙点睛"的作用，如雕塑、景墙等。

　　2）引导游览路线。游览路线与园路的布局、铺装的图案以及指示牌的指引密不可分。

　　3）赏景，即观赏风景。以建筑小品作为观赏景观的场所中，一座单体建筑小品为静态观景的一个点，如花架、亭、亲水平台；而一组建筑小品往往成为景观全貌的一条观赏线，如廊、桥等。

特 点

1. 立 意

优秀的景观建筑小品，不仅要有一定的形式美，而且要有一定的文化内涵，要表达出一定的意境和情趣。一方面景观建筑小品在形式上要注意视觉效果；另一方面在立意上要强调文化内涵，两者必须结合。

2. 布 局

景观建筑小品在设计上要因地制宜，与自然环境、山石、水体和植物等相结合，与周围景物巧妙形成借景与对景的效果。

3. 造 型

建筑小品在园林景观中起点缀作用。其造型不仅要重视美观的要求，还应根据园林景观空间的不同，设计相应的体量要求和比例关系。比如一个大型公园内，入口处为喷水池，中心广场则是规模宏大的旱地喷泉，而在精致的庭园中则宜采用滴水和涌泉。

分 类

1. 提供休息的小品

包括各种造型的靠背园椅、园凳、园桌和遮阳的伞、罩等。在设计中，或结合环境，用自然块石或用混凝土做成仿石、仿树墩的凳、桌；或利用花坛、花台边缘的矮墙和地下通气孔道来做椅、凳等；或单独来做，使之成为空间中的亮点；或围绕大树基部设椅凳，既可休息，又能纳阴。

2. 装饰性小品

主要指以装饰功能为主的小品，包括各种固定的和可移动的花钵、花坛、装饰性的景墙、景窗等，在景观中起点缀作用。

3. 结合照明的小品

结合照明的小品主要为园灯。其基座、灯柱、灯头、灯具都有很强的装饰作用。草坪灯、地灯、园林道路照明灯等采用各种各样的造型。现在在园林中比较常见的是把灯柱设计成树的形态，

复古式的园林灯应用别致的灯座和灯柱，在城市景观中的应用也比较多。

4. 展示性小品

展示性小品包括各种布告板、导游图板、指路标牌以及动物园、植物园和文物古建筑的说明牌、阅报栏、图片画廊等，这些都能对游人起到宣传、教育的作用。

5. 服务性小品

主要指为游人服务的饮水泉、洗手池、公用电话亭、时钟塔等；为保护园林设施的栏杆、格子垣、花坛绿地的边缘装饰等；为保持环境卫生的废物箱等。

6. 雕塑小品

雕塑小品的题材多样，形体可大可小，刻画的形象可自然可抽象，表达的主题可严肃可浪漫，通常根据景观造景的性质、环境和条件而定。

[水　景]

　　在园林景观设计中，水体是一种重要的景观要素，也是景观中最具有活力的元素之一。其形式多种多样，包括沼、潭、湾、瀑、滩、溪、池、河、湖等。不同的水体和岸线可以营造出各种各样的水景。动感的水体包括流水、喷水、跌水、涌水等。流水占地面比较大，影响面也比较广，故要以环抱建筑为主；喷水、跌水、涌水等占地面比较小，影响也往往局限在靠近建筑处。目前，从住宅小区到城市广场的环境设计都在加大水体、水景的比例，亲水住宅和喷泉广场日益增多。

分类
1）根据水体的形式可分为规则式水体、自然式水体、混合式水体。
2）根据水流的状态可分为动态水景、静态水景。
3）根据水体的使用功能可分为观赏性水景、参与性水景。

特点
1）具有景观功能。水体不仅具有较强的视觉效果，还可以用来分隔和组织空间。通过与植物景观相结合，建立起自然和谐的生态系统；通过与假山石相结合组成贴近自然的景观山水；通过亲水平台使人与水近距离接触；通过与驳岸、石滩、木栈道、栈桥、廊桥高低错落的转换，使水体岸线更富有节奏感和韵律感，从而满足人们亲水的天性。
2）变化形式丰富。景观小品中的亭、桥、榭、舫等都是水体景观较好的表现形式。不管是大型湿地，还是蜿蜒曲折的自然式溪水或现代式的跌水、涌泉、喷泉、水池等人工水体，均体现出水体景观的多样性和艺术性。

设计要点
1）应把握好水体的尺度和比例。
2）应与周围环境相谐调。设计中可与山石、植物等相结合。水体的岸线一般都是横向或带状空间，只有与体现纵向空间的植物相结合，才能丰富水面的空间和色彩，形成均衡、丰富的景观构图。
3）设计时应考虑人们亲水的特性，满足其亲水愿望。水体景观设计应在水位变化较大、地质结构不稳定的情况下，设计出一个风景优美、亲水、生态的环境。
4）水生植物群落设计。根据水位的变化和水深情况，选择野生、水生植物，形成水生—沼生—湿生—中生的植物群落。

[园路、铺装]

一、园路

园路是指绿地中的道路、广场等各种铺装地坪。它是景观中不可缺少的构成要素，是景观的骨架、网络。园路起着组织空间、引导游览路线、联系交通，并提供散步休息场所的作用。通过道路的引导，将整个景观园区的景色展现在游人面前，通过引导游览路线，使游人能够在最佳位置观赏景点。园路将景观中的各个景区景点连成整体，它与周围的山水、建筑及植物等景观紧密结合，形成"因景设路"、"因路得景"的效果，从而贯穿所有园内的景物。园林中的道路有别于一般纯交通道路，其交通功能从属于游览的要求，它通过优美的曲线、丰富多彩的路面铺装与景石、植物、湖岸、建筑相搭配，形成一定的空间氛围。

分类	1）基本类型
	■ 路堑型：园路低于两侧，兼排水功能。
	■ 路堤型：园路两侧有明沟排水。
	■ 特殊型：包括步石、汀步、磴道、攀梯、园桥、栈道等。
	2）按使用材料分类
	■ 整体路面：包括水泥混凝土路面和沥青混凝土路面。
	■ 块料路面：包括天然石块和各种预制块料铺装的路面。
	■ 碎料路面：包括碎石、瓦片、卵石等组成的路面。
	3）按应用分类
	■ 大型园林主干道：一般设在广场、公园入口，用以连接各个景观园区与主要城市干道，便于人的集散和车辆的通行。
	■ 主园路：供游人行走，必要时通行车辆。主园路与各个出入口相通，是整个景观的骨架。
	■ 次园路：又称游步道，宽度次于主园路，联系各个景点，具有一定的导游性，主要供游人游览观景用，一般不作为汽车通行的道路。
	■ 小径：其宽度一般仅供一人或两人并肩通行，小路布局灵活，平地、坡地、草坪、水上、水岸边等都可以设置小路。

特点	1）园路应与地形相结合。选定路线时要注意沿线设施的利用效果、风景的变化以及地形上的要求。园路往往设计成弯曲起伏的状态，以适应地形地貌迂回曲折的需要，也是延长游览路线、增加游览趣味、提高绿地利用率的方法。
	2）园路应与原有景观相结合。对原有树木、风景的保存应考虑周到，对树木或景物宜绕行设置；选定能使园内景物产生最佳效果的路线。园路可以根据功能需要采用变化断面的形式。如与转折处不同宽窄，座凳、座椅处外延边界，园路与小广场相结合等。

设计要点	1）园路宽度要求：在景观营造中，主路、次路宽窄不一，主要道路宽者可达4.5～6米，最窄的可供单人通行或两人并行，宽为0.6～1.8米。
	2）园路拐弯曲线不能完全相等，连续弯不要太多，道路交叉口距离不要小于20米，分叉角度不要太小。在通车地段上，其转弯半径必须大于等于6米，且弯道内侧的路面要适当加宽。
	3）园路纵断面设计要求：在满足造园艺术性要求的情况下，尽量利用原地形，保持路基稳定，减少土方量；并应考虑园内地面排水和管道衔接的要求。
	4）园路的结构：园路一般由面层、结合层、路基和附属工程（如道牙、种植池等）三部分组成。
	5）园路的线形设计应充分考虑造景的需要，以达到蜿蜒起伏、曲折有致的效果。同时，应尽可能利用原有地形，以保证路基稳定和减少土方工程量。

景观道路级别、宽度参考值及用途

道路级别	宽度	用途
大型园林主干道	不超过 6 米	重点风景区主干道，可通行卡车、客车
公园主园路	4.5~6 米	园内交通需要，通卡车、消防车
次园路（游步道）	0.6~1.8 米 （根据需要上下限可调整）	行人步行往来
小径	1.0 米以下	单人或两人并肩行走

二、铺装

铺装是运用自然或人工铺地材料、按照一定方式铺设于地面的地表形式。它具有一定的功能性与装饰性，在园林景观中使用频率很高，如路面、人行道、广场、建筑地坪、园路道路、居民区道路等处，并通过质感、图案、尺度等来表现丰富的环境景观，在营造空间的整体形象上具有极为重要的作用。一个好的铺装可以加强景观的装饰效果，将园林景观同周围环境很好地结合在一起。

分类

1）按材料分

我国古典园林中铺地常用的材料有石块、方砖、卵石、石板及砖石碎片等。现代园林中，除沿用传统材料外，混凝土、沥青、彩色卵石、文化石等也为常用材料。

2）按样式分

■ 花街铺地：通常采用以砖瓦为龙骨、以石填心的做法。通过各种规则或不规则的石板、卵石与碎砖、碎瓦等结合，组成各种精美的图案，如冰裂纹、人字纹等。

■ 卵石铺地：用卵石组成各种图案，卵石铺装还可起到健身的作用。

■ 雕砖卵石铺装：又称"石子画"，通过砖、瓦、预制混凝土与卵石的结合，组成内容丰富的图案。

■ 嵌草铺装：用石块和各种形状的预制水泥混凝土块铺成花纹，铺筑时在块料间留3cm~5cm的缝隙植土种草。

■ 整体铺装：指用水泥混凝土或沥青混凝土铺筑的路面。

■ 块料铺装：以大块砖石、块石和制成各种花纹的预制水泥混凝土铺成的路面，具有很好的装饰性，而且还可以防滑和减少反光。

■ 步石、汀步：步石指在自然式草坪上放置数块天然石块或预制的仿树桩形或木纹形板，组合放置于草坪之中；汀步指在水中设置的步石，使游人可以踏石过水，适用于窄而浅的水面。其可满足人们亲水的特性，增加游览的情趣。

特点

1）划分组织空间，引导游览。铺地的纹样常因场所的不同而有所变化，铺地色彩、质感、图案、尺度、组织方式等的变换，不仅是划分空间、界定范围的重要手段，也是联系和过渡空间的重要方法。不同的地面景观效果是提醒游客从这一空间进入另一空间的重要手段之一。

2）形成不同效果的地面景观。铺装以其优美的线形、丰富多彩的铺砌图案，与山、水、植物、建筑、石头等共同构成美丽的园景。如不规则冰裂纹岩石铺地显露天然野趣；规则几何形石质铺装易使人有亲切之感；花岗岩材质多适用于广场，其图案应与主体建筑和谐统一；渗水砖易于拼铺，简洁经济；卵石易于造型，并起到按摩健身功能。

3）具有排水的作用。园路通常是排泄雨水的渠道，所以，园路的设计必须保持一定的坡度，横坡为15%~20%，纵坡为10%左右，铺装设计要注意透水透气，以免积水，如透水砖、嵌草铺装都可增加地面的排水性。

设计要点

1）在选择铺装材料时要注意空间延续和过渡的处理，形成既具有明确使用功能的小空间，又使空间具有相对联系性。

2）根据不同场所的功能对地面进行铺装设计。园路及铺装场地应根据不同的功能要求确定其结构和饰面，面层材料应与环境相谐调。如广场的地面，可设计成带图案的地面，选用花岗岩等经久耐用的材料，而公园的游园路一般选用自然化、乡土化的石材、石板、天然石块、鹅卵石等材质。停车场多选用嵌草铺装。健康步道是近年来较为流行的足底按摩健身载体，通过行走卵石路按摩足底穴位达到健身目的，又不失为园林一景。而日本枯山水的造园方法，将卵石铺地配以山石和日本式的石灯，既满足了居住区居民健身休闲的需求，又可作为一个独特的园林小品供人们欣赏。

3）铺装应与地形、植物、山石等配合，尽量使用柔和的色彩，减少反光，避免产生刺眼的效果。

4）地面铺装结构：地面铺装一般由路面、路基及附属工程（如道牙、种植池等）组成。其中路面分为面层、结合层、基层和垫层四部分。

103

［景 墙］

景墙是用于室外的墙，其形式多样，功能因需而设，所用材料丰富。主要是起分隔空间、衬托景观、装饰美化、遮挡视线的作用。景墙可独立成景，也可与周围的山石、花木、水池、喷泉等构成一组独立的景观。景墙上的门洞、漏窗不仅装饰墙面，使景墙造型生动优美，而且使景观空间通透，利用门洞、漏窗外的景物构成"框景"、"对景"。

分类
1）景墙的形式多样，有波形墙、白粉墙、花格墙、浮雕墙、隔音墙、护坡挡土墙等。
2）景墙的材质多样，有砖墙、石墙、蘑菇石贴面墙、玻璃墙等。

特点
1）景墙不仅是一种防卫象征，更是一种艺术。
2）功能性与审美性结合。景墙在园林景观中常起障景、漏景、背景墙的作用，近年来景墙设计中装饰及观赏作用越发被重视，增强了审美效果。
3）可与其他景观小品组合搭配。景墙与座椅结合，可以形成相对私密的空间；浮雕景墙与水池结合，形成小型瀑布；还可以与植物结合，营造不同的景观效果并反映一定的历史文化特征。

设计要点
1）设计景墙时需根据所处景观环境确定其风格。现代风格景观环境中的景墙造型多变，有高墙、曲折、虚实、光滑与粗糙、有檐和无檐之分。中国传统古典园林中的景墙以白粉墙为最多。白粉墙与周围屋顶、植物的色彩形成了鲜明对比。自然风格景观中的景墙常采用毛石等自然材料，对称、规则式景观中的景墙常设计为简洁、光滑的墙体。
2）根据所处景观环境，确定景墙的材料与色彩。景墙可与周围景观环境色彩谐调，使景墙融入环境之中，也可通过材质、色彩等的不同，与周围环境形成强烈的对比。
3）中式风格的景墙，其漏窗常设计为方形、圆形、八角形、扇形等不规则的形状。